AF293307

Anton Flörken:

# DE SUPER- FOETATIONE

DISSERTATIO
INAUGURALIS
MEDICA

Bonn 1830

quam

ex auctoritate et consensu

illustris medicorum ordinis

in alma litterarum universitate Friderica Wilhelmia

Rhenana

ad summos in medicina et chirurgia honores

rite et legitime consequendos

scripsit atque die XVIII. Septembris A[nno]

MDCCCXXX.

publice defendet

**ANTONIUS FLOERKEN**

Bonnensis

Bonnae [1830]

ex officina Neusseriana

viro illustrissimo

praeceptori dilectissimo

Dr. Francisco Ios[epho] Carolo Mayer

D[ono] D[edit] D[edicavit]

Auctor.

herausgegeben von Norbert Flörken



„*Superfoetatio, Superimpraegnatio, Epieyema, Epiciesis,* die Ueberschwängerung, wenn eine Frau zu verschiedenen Malen empfängt oder mehrere Eyer zugleich befruchtet werden, und also die Schwangere mehr denn eine Frucht trägt und zur Welt bringt, und solches gleichzeitig, das heißt, eine Frucht nach der andern oder ein Kind nach dem andern, oder ungleichzeitig, indem sie erst ein Kind zur Welt bringt, und dann nach mehreren Wochen das Andere, auch wohl ein Drittes etc." (Krünitz 1773 ff)

# Inhalt

# Praefatio.

Quum e maiorum more et legis auctoritate dissertatio inauguralis scribenda mihi esset, varias inter materias, quae haesitanti mihi sese offerebant, de superfoetatione quaedam colligere institui, partim, quia in libris obstetriciis varie de hac re sentitur; partim, quod ii, qui de medicina forensi scripserunt, inter se dissentiunt, et alii superfoetationem contendunt, alii vero, et quidem maiori iure eam reiiciunt; partim autem, quod museum huius litterarum universitatis anatomicum praeter ceteros pretiosissimos thesauros gemellos diversae magnitudinis, uni eidemque placentae adhaerentes asservat, quorum similia superfoetationis exempla habentur.

Ne autem nimis sim in librorum, qui hac de re agunt, designatione, ad satyram XIII Georgii Franck de Franckenau, ad elementa physiologiae ab Halleri et ad eiusdem disputationes anatomicas selectas remittam, in quibus omnes libri de hac re annotati sunt ab Hippocratis inde temporibus usque ad tempora horum scriptorum.

Commentationum recentiorum, quatenus me ad eos contuli, multas in tractatu ipso addidi.

Nihil mihi superest, quam ut illustrissimo Mayer, praeceptori meo nunquam satis colendo, musei anatomici directori, cuius insigni benevolentia occasio illius argumenti tractandi mihi facta est, summas, quas possum, gratias agam.

# Superfoetatio nominatur, si ad graviditatem nova adhuc conceptio accedit, i. e. si mulier iam gravida denuo concipit.

Quaestioni, num fieri omnino possit superfoetatio in utero humano, aliis temporibus aliter respondebatur, et ab antiquissimis inde ad nostra usque tempora hac de re sub iudicibus lis erat, quam nondum definitam esse videmus. Quamquam nostro s[a]eculo incipiente multi iam essent, qui multis istis, certe maximam partem fictis, annotationibus, ex quibus superfoetatio eluceret, minorem fidem darent. Ad hanc iustam dubitationem atque ad meliorem denique totius rei cognitionem adduxerunt partim haud dubie magni isti anatomiae et physiologiae uteri gravidi progressus, partim vero observationes de hisce casibus accuratius institutae, ex quibus apparebat, istas annotationes a malo fonte prodiisse.

Priusquam vero de quibusdam casibus gravioribus, qui pro superfoetatione pugnant, disseram et de abortu, qui hic quadrat, recenter observato scribam, haud iniquum esse mihi videtur, primum nonnullas uteri mutationes, quae et conceptionem statim sequuntur et per graviditatis tempus observantur, quatenus ad rem nostram sunt, breviter exponere.

Postquam conceptio facta et breve tempus praeteritum est, semper, priusquam ovulum in uteri cavum pervenit, ambitus uteri augetur fibraeque eius fiunt molliores. Superficies uteri cavitatis et totius fundi et corporis eius membrana crassa, quae decidua Hunteri vocatur, et cum utero intime iuncta est, tegitur. Haec membrana non in collo uteri, sed modo in fundo et corpore observatur, trans collum uteri extensa, et saccum intra uterum penitus clausum efficit. Tota interna colli uteri superficies bursis <2> mucosis exstructa, quae incipiente graviditate mucum secernunt viscidum et crassum, qui ab altero latere ad alterum transit, lumen colli uteri prorsus claudit, et finem ita efficit inter uteri et ovuli membranas et corpora exotica.

Uterus intactus atque omnino nondum praegnans a tempore pubertatis usque ad annos climactericos in sano statu et normali tali structura est, ut semine virili in cavitatem recepto singularem incitabilitatem possideat. Hac uteri incitatione spermate virili facta, motus isti et uteri et tubarum Fallopii et ovariorum notissimi tanquam praecursores conceptionis graviditatisque existunt, qui a conceptionis momento inde ad partum usque ipsum secundum leges, quae latent adhuc medicos, permanent. Hisce motibus structura atque functio et uteri et ceterarum partium genitalium ita mutatur, ut ea, quam supra utero intacto, non gravido propriam esse dixi, irritabilitas nunc evanescat. Licet hoc comparari cum membrana schneideriana, cui inflammatae peculiaris, qua gaudet, incitabilitas volatili corporum evaporatione excitanda deest, et quae non amplius ad mucum secernendum, quae est in statu normali eius functio, apta est. Dici potest, uterum non gravidum conceptione transire in novum organon, quod longe aliis gaudeat viribus, longe aliis functionibus utatur, neque amplius actionibus normalibus, quae sunt utero non praegnanti, par est[1].

Mutationes hae, quas in utero post conceptionem et per graviditatis tempora observamus, si ovulum in cavitatem suam susceperat, eaedem in graviditate extrauterina animadvertuntur[2]. *Hunter*[3] primus fuit, qui distincte demonstravit, quotiescunque graviditas extrauterina existeret, praeter materiei incrementum etiam membranam uteri deciduam conformari. Idem post eum observarunt *Boehmer*[4], *Heim*[5], *Saviard*[6], *Blizard*[7], *Romieux*[8], *Clarke*[9], multique alii. *Clarke* novam hanc observationem <3> addidit: in uteri collo mucum quoque viscidum, quem supra memoravimus, excerni. In casu,

---

[1] (Roose, 1802, S. 103).

[2] (Meckel, Handbuch der pathologischen Anatomie, Band 2, 1. Abt., 1816, S. 162).

[3] (Hunter, 1762, S. 429).

[4] (Boehmer, 1756, S. 27).

[5] (Heim, 1812).

[6] (Saviard, S. 314).

[7] (Blizard, S. 189).

[8] (Romieux, S. 302).

[9] (Clarke, S. 219).

quem descripsit nobis *Houston*[10], collum uteri tam perfecte clausum erat, ut ne stylus quidem permearet. Istae autem uteri mutationes graviditatis tempus normale non excedunt, quo finito uterus in statum non gravidum redit, etiamsi foetus extrauterinus remanet, aut quocunque modo sive arte sive natura ipsa excernitur. In hac autem graviditate extrauterina non solum nisus uteri formativus talis, qualem in graviditate uterina eum observamus, redditur, sed etiam omnis functio vitalis ita mutatur, ut sub finem graviditatis normalem dolores excitentur, qui tres aut quatuor dies perdurant, sed ad expellendum foetum, ut per se intelligitur, nihil omnino valent.

In utero duplici, bicorni et bifido, si cornu alterum concepit, eaedem in altero cornu mutationes fiunt, quod non concepit; membrana decidua *Hunteri* secernitur, collum uteri muco obstipatur[11]. Ceterum in utero bifido etc., cuius alterum tantummodo cornu concepit, easdem mutationes in altero cornu, quod non conceperat, sub finem graviditatis oriundas atque in utraque portione

---

[10] (Houston, S. 387).

[11] (Meckel, Handbuch der pathologischen Anatomie, Band 2, 1. Abt., 1816, S. 684).

eandem magnitudinem et existere et permanere, — id quod modo in utero pluries gravido facto invenitur, — observarunt *Osiander*[12] et *Stein* iunior[13]. Haec brevibus verbis promisi, ut infra ad ea liceat mihi respicere et ne repetendo nimius sim.

Iam transeo ad singulas observationes.

Mulier quaedam B., viginti et quatuor annos nata, quae a puerili inde aetate exceptis levioribus quibusdam morbis infantilibus bona semper gavisa est valitudine, cuius menses sine dolore et iusto semper tempore advenerunt et usque ad conceptionem iusto tempore fluxerunt, quinto graviditatis mense terrore vehementiori subito ipsi iniecto fecit abortum, qui tamen valetudini nihil nocebat. Abortus vero ex duobus constabat foetibus, qui diversa magnitudine et in uno eodemque chorio inclusi erant, quorum funiculi umbilicales uni tantummodo placentae adhaerebant; <4> funiculus umbilicalis foetus maioris in margine placentae erat, ille autem minoris mediam magis placentam obtinebat. Foetus maior normaliter

---

[12] (Osiander, 1810, S. 25).

[13] (Stein, 1825, S. 126).

constructus, minoris extremitates inferiores aequaliter excultae erant. In pede dextro eiusdem foetus nullum phalangis vestigium, in sinistro contra phalanx una aderat; brachium dextrum dimidio minus, quam extremitates inferiores, et in manu ipsius duo cernebantur digiti; brachium sinistrum prorsus deerat, et loco ipsius parva vix eminentia animadvertebatur. — Foetus maior in statu extenso erat longitudine 4" 5'" longitudo funiculi umbilicalis aeque 4" 5'" crassitudo ipsius 2'". Foetus minor in extenso statu 1" 2'" longitudo funiculi umbilicalis 2" 3'" crassitudo funiculi umbilicalis ½ "'. In foetus minoris funiculo umbilicali circiter quinque lineas ab umbilico remotus parvus observabatur tumor, qui et supra et infra paulatim desinit. Iste tumor est lineas duas longus, unam et dimidiam lineam crassus. Funiculi umbilicales ambo in loco 2" 3'" ab umbilico maioris foetus et septem lineas ab eo minoris remoto inter sese impliciti sunt et nodum efficiunt.

Foetus maior pondere erat drachmarum VI., foetus minor pondere erat granorum V. Secundinae totae pondere unciae dimidiae et granorum X.

Similem et nostro quoque tempore observatum casum nobis *Meissner*[14] descripsit. *Dorothea Sigertin* viginti annorum, corpore robusto, primum gravida fuit; graviditas valetudinem bonam non commutavit, abdomen ante partum aequaliter extensum, partes vero praeviae ob nimiam liquoris amnii copiam, quamquam sentiri, tamen non dignosci potuerunt. Orificio uteri aperto pedes parvuli sentiebantur, qui tamen pro nimia matris extensione nimis parvi erant. Partu ipso puer, quamquam tener et immaturus, tamen vivus natus est, qui, si ex magnitudine coniicere licebat, decem circiter hebdomadas ante iustum tempus in mundum prodiebatur; alter foetus, puer quoque, maturus, qui omni licet arte medica ad vitam eius sustinendam diu, sed frustra, adhibita, morti tamen eripi non potuit. <5> Casum prorsas similem *Richter*[15] enarrat, in quo foetus maturus simul cum embryone quatuor mensium in uno eodemque ovulo inveniebatur. In utroque casu ambo foetus unam tantum habebant placentam et utriusque foetus funiculi umbilicales ex una hac placenta

---

[14] (Meissner, 1821, S. 107).

[15] (Richter, 1810).

prodibant, qua utriusque funiculi vasa tam arcte per anastomosin inter sese coniuncta erant, ut, quum iniectio huius placentae per funiculum umbilicalem alterum fieret, non solum placenta in omnibus singulisque partibus, sed etiam funiculus umbilicalis alterius foetus materia ista iniecta impleretur.

Similem casum a *Zacchia*[16] descriptum habemus. *Nicol. Sobrin*, qui in certamine quodam animam efflaverat, coniugem gravidam reliquit. Haec octo mensibus praeterlapsis post istius mortem infantem diformem peperit, qui in partu moriebatur. Abdomen matris extensum remansit, et alterum adesse foetum suspicabatur, sed omnia conamina obstetricia ad partum efficiendum sine successu erant. Verum uno mense unoque die post feminam iterum dolores invaserunt, quae novum nunc, et quidem maturum infantem peperit.

*Willian Dewees*[17] casum observavit, in quo mulier foetum peperat maturum, quocum placenta secundum normam exibat, et quum nonnullas horas dormisset

---

[16] (Zacchia, 1751, S. cons.66).

[17] (Dewees, 1809, S. 180).

mulier, novus embryo, qui erat mensium trium aut quatuor, cum placenta plane coniunctus, partus est.

*Denman*[18] narrat accedisse, ut quinto aut sexto graviditatis mense feminam magnus terror invaderet. Ex hoc tempore male sese habuit, abdominis volumen diminutum et nono mense praeterito liberata est foetu, sed dolores permansere, et alterius foetus caput natum est, aliaeque partes, quae prorsus monstro quatuor mensium simillimae erant.

*Marton*[19] de italica muliere disserit, quae anglico nupserat. Haec anno 1809. mensis novembris XII. die infantem, qui ut videtur sanus <6> erat, peperit, qui tamen vix per novem dies animam servavit. Anni subsequentis mensis februarii die secundo itaque, quod a priori partu tres fere menses distabat, iterum infantem masculini generis et plane maturum peperit.

*Diemerbroeck*[20] haec narrat: Uxor *Dionysii N.* militis anno 1637. mense octobri peperit filium, bene sanum et

---

[18] (Denman, 1807).

[19] (Marton, 1813).

[20] (Haller A. v., 1750, S. 354).

plane gestatum seu novimestrem, quem ipsamet lactavit. Post partum lochia debito modo fluxerunt, et puerpera toto puerperii tempore mediocriter, instar aliarum puerperarum valuit. Septima post hunc partura hebdomade cum in templo forte concioni interesset, alteratio quaedam uterina praeter consuetudinem eam invasit, ita ut citissime domum reverti cogeretur. Vocatur statim obstetrix, vocantur et aliae feminae; ex utero aquosa profluunt; accedunt parturientium labores et enixa est filium bene sarium, debitae magnitudinis, quem cum priore lactavit, et postea ambo diu superstites fuere.

Sed nunc transeo ad casus ab iis supra descriptis plane diversos, quum gravida brevi temporis intervallo foetibus liberetur diverso genere et colore.

*Moseley*[21] talem enarrat casum: Schotwordii in Jamaika mulier et quidem aethiops duos infantes aequaliter magnos peperit, quorum alter Aethiops, alter Mulatta erat. Coitum homini europaeo admiserat, quum vix coniux ab ea discessisset.

---

[21] (Moseley, 1787, S. 111).

*Buffon*[22] descripsit casum priori persimilem, quum mulier Charlestone, quae sita est in Carolina, brevi temporis intervallo gemellis liberaretur, quorum alter niger, alter albus ierat. Mulier ista ab Aethiope quodam quum vix coniux lectum reliquisset, comminatione coacta erat, ut coitum cum illo exerceret.

De *Bouillon*[23] descripsit casum, quo aethiops mulier duos infantes masculos, magnitudine aequales et plane maturos peperit; alter erat Aethiops, alter Mulatta. Mulier confessa est, eadem vespera se passam esse coitum et Aethiopis cuiusdam et Europaei. <7> *Norton*[24] loquitur de simili partu. Eadem mater foetu octo mensium nigro et altero albo, qui erat quatuor mensium, solvebatur.

Secundum *Delmanum*[25] mulier quaedam, quae Rotomagi habitabat, octo graviditatis mense album foetum et Mulattam peperit. Ea confessa est, se quarto aut quinto graviditatis mense vix praeterito primum cum

---

[22] (Buffon, S. 482).

[23] (Bouillon, 1821).

[24] (Norton, 1823).

[25] (Delman, 1806).

Aethiope coitum exercuisse. Placentae inter sese prorsus coalitae erant.

Ab *Elliotsone* audimus, gemellos esse partos, quorum alter albus fuit et mansit, alterius vero color sensim in colorem Mulattae mutatus est.

Haec pauca exempla, quibus plura etiam addere possim, facile doceant lectorem, quae sit in genere humano superfoetatio, simulque significent, quomodo factum sit, ut etiam in utero simplici ea fieri posse crederetur.

Num quoque in graviditate extrauterina et utero duplici fieri possit superfoetatio, infra memorabo.

Casus isti, in quibus uno eodemque utero duo foetus, et maturus ac vivus et immaturus ac putridus simul inveniebantur, aut brevi post alter alterum sequebatur, non magni momenti sunt, quia foetus mortui per longum, etiam tempus ab utero servari possunt; neque minus valent isti casus, quum eodem aut paullulum diverso tempore duo foetus in mundum prodeant, qui inaequaliter exculti, et sive ambo immaturi erant, sive alter maturus, alter autem vera immaturitatis signa prodebat. Tales fructus iam

*Haller*[26], qui tamen sagacissimus superfoetationis defensor erat, ex una eademque conceptione ortos esse hisce verbis declaravit:

> *Ex argumentis autem aliqua tota reiicio, ut foetus inaequales, qui eodem partu eduntur, et quorum alterum maturum, noveni mensium, esse sibi sumunt, dum alter pro ratione suae parvitatis paucorum sit mensium, ut necesse sit, diversis temporibus conceptos fuisse.*

Et pagina 463 eiusdem libri legitur

> *Oppressum a fortiori alterius incremento aut ob aliam in propria fabrica culpam nutritione adversum foetus inaequales reddi, etsi simul <8> concepti sunt. Neque tunc credam constare de secunda conceptione, quando duo foetus perfecti aliquot dierum intervallo sigillatim nascuntur.*

---

[26] (Haller A. v., Elementa physiologiae corporis humani, Band 8, 1756, S. 461)

Hac sententia id adeo contendit, ut gemellos, qui septendecim dierum tempore intervallo vivi nati erant, ex eadem conceptione prodiisse dicat.

> *Nihil ergo hunc casum ab eo diversum puto, dicit l[oco] c[itato] in quo gemellorum alter post unum, septem, decem dies vivus uterque in lucem prodierunt.*

Nostra aetate casus evenerunt, quum in partibus gemellorum alter tempus aliquod plus minusve longum post prioris gemelli partum in utero retineretur, unde ediscimus, naturam altero foetu iam nato per aliquod tempus quietam esse posse, aut potius post prioris foetus partum gravi lassitudine ad hanc quietem cogi, quia utero parietibus ipsius nimis extensis ad novas faciendas contractiones irritabilitas nova et vis colligenda est.

*Leveque*[27] nempe in graviditate gemellorum post alterius partum naturae commisit, quae alterum gemellum expelleret, matrem nimis debilem ratus et haemorrhagiam metuens. Orificium uteri dimidia hora post clausum

---

[27] (Leveque, 1817).

inveniebatur et quatuor demum praeteritis diebus dolores extitere, qui tamen tam erant leves et debiles, ut horis duodeviginti transitis orificium uteri satis extenderetur.

*Busch*[28] commemorat partum gemellorum, in quo alter foetus septendecim diebus prius, quam foetus posterior nascebatur; foetus prior mortuus putridusque, posterior autem vixit.

*Newnham*[29] descripsit casum, memoratu dignum, de foetu septem mensium una cum placenta expulso, quem diebus 59 interpositis foetus maturi et sani partus ex eodem utero sequebatur.

Casus, quos *Haller* multique alii in numerum superfoetationum adscribunt, in quibus foetus temporis longiori intervallo nascebantur, haud <9> dubie magnam partem iis casibus, de quibus supra diximus, similes habere, aut cum *Roose*[30] omnes fictas historias esse, putare debemus. *Haller* ipse 1. c. non magnam fidem multis eorum tribuit. Neque raro fit, quod vero dolendum est, ut

---

[28] (Siebold, 1820, S. 739).

[29] (Froriep, 1824, S. No.5).

[30] (Roose, 1802, S. 109).

non solum, ii, qui observant, a feminis astutis decipiantur, verum etiam, ut semetipsos fallant, cupidine narrandi aliquid incitati, quod, sive inauditum est, sive rarissime accidit. Scriptores casuum recenter nominatorum ne cogitarunt quidem de hisce foetibus, tanquam superfoetatione ortis. *Newnham* sibi persuasum habet, casum, quem, narrat, non in superfoetationes referendum esse, sed potius duos esse foetus eodemque tempore conceptos putat. Etiamsi multis prioribus non evenit, ut fraus perspicua sit, tamen iis crimini dandum est, non satis accurate attendisse, et solummodo vitam infantis respexisse, quum tamen experientia docti sciamus, foetus, qui prima iusti graviditatis temporis parte vix peracta nati erant, vitae signa dedisse et per tempus aliquod vixisse. Talem observationem fecit *Rodmann*[31], qui infantem, quartum inter et quintum graviditatis mensem natum, permultos adhuc annos vixisse dicit.

*Henke* idem de infante, qui quinto mense exeunte natus erat, narrat.

---

[31] (Rodmann, S. 455).

*D'Outrepont*[32] infantem sexto mense natum vitam suam servasse, tradidit.

*Capuron* et *Belloc*[33] affirmant, saepe contigisse, ut infantes, qui sexto et non prorsus septimo mense graviditatis praeterito nati erant, diu vixissent.

Infantes, sexto mense peracto natos, *Teichmann* pluresque alii vivos vitalesque esse dicunt.

Secundum has observationes multi casus, ab *Hallero* aliisque narrati ab iisque in superfoetationes relati, explicari possunt, nec falsi et ficti aut dolo ac fraude inventi habendi sunt, quum ex supra allatis exemplis appareat, fieri posse, ut uterus allero gemello expulso alterum ad <10> perfectam usque maturitatem retinere queat, et, si *Rodmanno* fides habenda est, casus istos, in quibus infantes duorum, trium, quatuor et adeo quinque fere mensium temporis intervallo in mundum pervenerunt, non prorsus refutare possumus, sed nihilominus cogimur, superfoetatione eos esse ortos habere, quum secundum

---

[32] (d'Outrepont, 1822).

[33] (Capuron/Belloc, 1811).

observationes, quas *Rodmann, Henke, D'Outrepont* aliique nobis tradiderunt, multo facilius possint explicari.

Argumenta, quae superfoetationis defensores, qui tales foetus tanquam altera et quidem posteriore conceptione ortos significant, protulerunt, singula perlustrabo.

Argumentum ex utriusque foetus inaequalitate petitum haud magni, ut supra diximus, momenti, est et iam ab *Hallero* repudiatum est. Cetera, quae habent argumenta haec sunt:

Orificium uteri facta conceptione non semper clausum invenitur, ita ut, si coitus exercetur, etiam in gravidum uterum semen virile haud dubie iniici possit. Observationes accuratissimae orificium in graviditate apertum interdum esse docent. *Haller,* non esse clausum illud, omnino contendit. *Stein* senior[34] illam sententiam, uteri gravidi orificium semper clausum esse, tranquam signum, quod graviditatem annunciat, eximium, quod primum *Hippocrates*[35] dixit, et per multa post eum s[a]ecula fere ad unum omnes contenderunt, de multiparis

---

[34] (Stein, 1825).

[35] (Hippokrates, 2013, S. 5,51).

minime dici posse affirmat. Sed non est omnino opus orificio clauso, quum, ut ex observationibus supra citatis didicimus, collum uteri per totum graviditatis tempus, obturamento ita constipatum sit, ut semen hac via non possit penetrare in uterum, nisi, ut statuamus cum *Gravelio*[36], sperma valeret iusta ad hoc obstaculum superandum vi ac potestate.

> *Non adeo, inquit, hic scriptor, arcta est*
> *illa occlusio, ut non stylus mediocris*
> *introduci possit, prout id horrenda et*
> *tacenda abortum procurandi methodus,*
> *demonstrat. Quid, ergo, si ab oestro*
> *venereo idem contingeret? si copiosum*
> *virile semen muci reliquum, quod*
> *obstaculum ponit, dissolveret?*

Sed non facile intelligitur, semen virile, quod est fluidum, tanta vi pollere, quanta <11> gaudet stylus, qui corpus est solidum ac firmum. Verum si, quacunque ratione factum sit, semen istud per collum uteri penetraverit, nunc novum inveniet impedimentum, quod

---

[36] (Haller A. v., 1750, S. 361).

membrana decidua *Hunteri* ei obiicit. Haec enim membrana in uteri cavitate ita parietibus adhaeret, ut saccum omni parte clausum efficiat.

Fluxum mensium, quem interdum in graviditate observare licet, ii, qui superfoetationem defendunt, sibi argumento sumsere, quo et orificium uteri apertum esse et sperma iniici in uterum posse confirmant. Sed menses fluere possunt, ut exempla docent, sola e portione vaginali, aut e vagina ipsa, neque semper opus est uteri cavitate, e qua effluat. Atque ex utero gravido ipso menses vix provenire possunt, si ex mutationibus uteri parietum in graviditate oriundis diiudicare liceat. Ceterum nostra aetas multa habet exempla fluxus mensium, in graviditate non prorsus interrupti, sed nullos praebet casus, in quibus, mensibus in gravida muliere apparentibus, simul superfoetatio facta est, quae fieri tamen in uno, alterove casu necesse fuisset, si non aliud adfuisset impedimentum, uteri scilicet mutatio vitalis.

Aliud argumentum ad superfoetationem confirmandam ex iis casibus sibi assumsere, in quibus mulieres concipiebant et pariebant, quamquam foetus, multo prius conceptus, sed iam mortuus, aut adeo incrustatus, in utero retinebatur. Quorum casuum, quum nullum supra memoravi, nunc unum tantum, quem *Percy*[37] descripsit, addam. Loquitur de muliere, cuius infans in utero, postquam primos iam fecerat motus, mortuus esse videbatur. Septem hebdomadibus post mulier ista, quae graviditatem indicarent novam, symptomata animadvertit, et iusto tempore praeterito infantem, quamquam parvum, tamen maturum et sanum peperit. Placenta expulsa materia quaedam exiit, cuius media pars foetum femininum obtinebat, qui magnitudine infantis quatuor mensium erat, quod indicat accuratissime tempus, quo primum infantis motus sentiebatur.

*Haller*[38] de hoc dicit argumento:

> *Certissimum est et innumerabilibus exemplis confirmatum, et animalia et feminas concepisse et peperisse <12> dum conceptum priorem mortuum, etiam lapideum, in utero mater retinebat. — Nunc si femina potest*

---

[37] (Percy, S. 129).

[38] (Haller A. v., Elementa physiologiae corporis humani, Band 8, 1756, S. 466 f).

*concipere, cuius uterus foetu osseo et marcido impeditur: sano cum utero facilius alia concipiet.*

Qui modo spatium uteri ei usque actiones mechanicas respicit, haud dubie *Hallero* adsentietur. Etiamsi in talibus casibus infans mortuus ad priorem pertinet graviditatem, — id quod non potest confirmari, quum mulier gravidam se habere possit, quae non concepit, et tales foetus aeque bene posteriori conceptione orti esse possunt, — non multum valebit pro superfoetatione. Nam talem foetum non nisi prorsus immutatum, et in sacco membranoso inclusum, aut corrugatum et materia terrena circumdatum invenerunt. Hic igitur de vera graviditate non potest esse sermo. Una enim cum vita foetus in utero inclusi exstincta et sublata ipsius cum utero coniunctione, vera et propria graviditas desinit esse, et uterus sensim in statum non gravidum redit, hoc uno excepto, quod fructus iste mortuus ad instar corporis peregrini remanet in uteri cavitate, quo praesente omnino fiere quidem nova potest conceptio et graviditas. In omnibus huius generis casibus altera et quidem posterior conceptio priore foetu iam per longum temporis intervallum mortuo facta est, quum diu iam iste foetus in uterum valere desiisset. Hae igitur, quamquam sunt verae, observationes argumenta haberi nequeunt, quibus superfoetationem in mulieribus demonstrare liceat.

Tertium argumentum ex analogia mammalium, in quibus interdum superfoetatio facta esse dicitur, petierunt, quum haud dubie nesciant, uterum humanum inter et uterum bifidum vel bicornem magnam esse differentiam. Atque quod in utero mammalium observatur, alteram partem, quae ab altera minime pendet, concipere posse, quum altera iam antea conceperit, id minime de simplici humano utero dici potest. Utrum in utero bicorni aut duplici, quem interdum in hominibus invenerunt, superfoetatio fieri possit, nec ne, hac de re infida disseram. Sed apud animalia invenimus, feminas non admittere coitum, quum systemati genitalium, libidine exstincta, conceptione satisfactum sit, idemque foetum excolere inceperit; id, quod haud parum contra superfoetationem in animalibus <13> statuendum valet, nec tamen hoc loco accuratius potest inquiri, et, ut facile ex supra dictis intellegitur, nostrae sententiae nihil omnino nocet.

Observationes de partu Aethiopis et Mulattae aut
Mulattae infantis et Europaei eodem tempore facto, ab iis,
qui superfoetationem tuentur, ad hanc confirmandam
aptas esse dicunt. *Haller* de his observationibus nihil scivit,
quippe quas alicubi certe memorasset. Quos aetate nostra
observatos et antea iam memoratos casus multi medici
gravissima, quibus superfoetatio probari possit, argumenta
esse affirmant. Eos enim casus sententiam, mulierem iam
gravidam novo coitu iterum posse concipere, luce
clariorem reddere dicunt. Nam, quum secundum certam
quandam et ab omnibus probatam naturae legem
tantummodo ex coitu hominum, qui diversi sunt generis,
infantes ex utroque genere commixti et utrique igitur
generi adnumerandi procreari possint, apparet, in omnibus
casibus supra citatis coitus et cum albo et cum nigro se
invicem celerrime subsequentes, et conceptionem et
foecundationem sequi debuisse. Haec autem lex
adnotationibus, quae huc quadrant, a *Buffone* et *Nortone*
conscriptis sive multam sive omnem fidem detrahit, quia
gemelli in utroque casu infantes erant et nigro et albo
colore infecti; quum contra alter infans colorem parentum
aequalium, alter tanquam ex mixtione parentum

diversorum, nigri nempe et albi hominis, etiam colorem Mulattae habere oportuisset, quod in casibus, quos *Moseley* et de *Bouillon* descripserunt, vere invenimus. Quod attinet ad casum, quem *Delmas* observavit, eodem, quo supra, iure in dubium revoco. Hic enim feminam, confessam se quarto aut quinto graviditatis mense cum nigro coitum exercuisse, octavo mense gemellos, et album et mulattam, peperisse dicit. Si coitus Aethiopis tempore graviditatis provecto fecundus fuisset, mulatta iste infans vix tres aut quatuor menses habere debuisset, et vix utraque placenta tam perfecte coalita esse potuisset, quam *Delmas* descripsit. Quae *Moseley* et *Bouillon* annotaverunt exempla, haec etiam superfoetationem minime probant, sed tantummodo pro exemplis haberi possunt, quae conceptiones brevi tantum temporis intervallo factas esse docent, uti hoc facile ex circumstantiis(!) supra dictis apparet. Haud tam difficile sit demonstratu, istos casus ad unam tantum et eandem conceptionem pertinere <14> et differentiam coloris embryonum pro lusu naturae aut adeo morbo habendam esse. *Bernstein*[39] enim partum infantis

---

[39] (Bernstein, 1813, S. 143).

nobis tradidit, qui colore nigro, atramento simillimo, et magnitudine manus erat, sospes conservabatur, tribus autem hebdomadibus post nigra epidermide exsquamata, album ducebat colorem. Etiam exempla alia exstant, ad quae refero feminas colore albo natas[40], quae annis provectae subito nigrescebant, aut Aethiopem quendam[41] quinquaginta annorum, qui ab hoc inde vitae, tempore album colorem ducebat.

His stantibus conceptio secunda uteri simplicis gravidi revera prorsus neganda et reiicienda mihi esse videtur.

Et nihil restat quam ut, superfoetationem etiam in graviditate extrauterina atque in utero duplici et bicorni fieri non posse, ostendam.

Quod ad primum attinet, superfoetationem in graviditate extrauterina, multa de hac exstare dicuntur exempla. Quum vero omnia sibi sunt similia, unam tantum ex omnibus annotabo. *R. J. Camerius*[42] de muliere, quae nonaginta quatuor habebat annos, haec enarrat. Quum

---

[40] (NN1, 1817, S. 9) und (NN2, 1819).

[41] (NN3, 1824).

[42] (Osiander F. B., 1819, S. 330).

annum quadragesimum octavum ageret, primum se esse gravidam putavit, motus foetus sensit, et iusto tempore dolores extitere, qui per tres hebdomades absque ullis puerperii appropinquantis signis, defluxu magnae aquae copiae excepto, permanserunt, et tumorem in latere sinistro reliquerunt. Brevi post iterum concepit, et iusto tempore filium, et anno subsequente filiam peperit. Tumor usque ad mortem remansit, atque sectio mulieris globum in sinistro latere ostendit, qui dissectus foetum exsiccatum obtulit. In hoc, ut in omnibus ceteris casibus, quum in graviditate extrauterina nova fieret conceptio, tantum priore foetu mortuo novam extitisse graviditatem invenimus. Quam ob rem hi casus non possunt referri ad argumenta superfoetationis, quia foetus mortuus, corrugatus, aut utpote lithopaedium modo corpus peregrinum, in abdomine situm, haberi potest, <15> sed nunquam pro vera graviditate. Ceterum etiam res notissima est, uterum post foetum mortuum in statum priorem, non gravidum, redire, et sic ad novam conceptionem aptum fieri. Casus vero, in quibus vita foetus extrauterini adhuc integra nova graviditas invaserit, hucusque prorsus incogniti sunt, neque omnino cogitari possunt, quia uterus easdem mutationes subit, ac si conceptio ista sit uterina, ut supra ostendimus.

Quod ad uterum duplicem pertinet, in quo superfoetatio creditur, hoc primum moneo, nusquam observatam esse superfoetationem in tali utero, qui tamen saepissime occurrit[43]; quum contra saepissime factum sit, ut cornu alterum solum conceperit. *F. Tiedemann* l. c. casum talem observavit. Cum utero nempe duplici vagina duplex coniuncta erat, vaginae septo crasso seiunctae, atque e partibus hymenis relictis et ex ambitu vaginae utriusque apparet, coitum per utramque vaginam factam esse. *Osiandero* contigit, ut duas mulieres gravidas et utero et vagina duplici instructas exploraret partumque solveret, quarum alteram paucis annis bis foetu liberavit. Haec utraque gravida, neque minus ea, a *Tiedemanno* memorata, in uno uteri cornu unum tantum foetum continebat. In his casibus, praesertim in illo ab *Osiandero* descripto, in quo septum ruptum erat, superfoetatio fieri debuisset, si cornu alterum non gravidum ad semen

---

[43] (Meckel, Handbuch der pathologischen Anatomie, Band 2, 1. Abt., 1816, S. 683); (Pole, S. 92); (Haller A. v., 1750, S. 358); (Haller A. v., Opuscula pathologica, 1755, S. 60); (Tiedemann, 1815, S. 131).

excipiendum quodam modo aptum fuisset, neque eandem, quam cornu gravidum, mutationem perpessum esset, quod a *Meckelio* aliisque didicimus et supra iam notavimus. In tali utero graviditatem simplicem rarissime accidere felicemque habere exitum, id minime potest, ut *Meckel* dicit l. c., admirationem excitare nostram, quia forma abnormis cum functione abnormi coniuncta esse solet, et si accidit graviditas, mors saepissime sive in graviditate sive in partu ipso aut post partum sequitur. Nostra aetate *Geiss* in utero duplici gemellos observasse dicit, et in utroque uteri cornu infantem fuisse affirmat, quod ex contractionibus in utroque <16> abdominis latere diversis atque ex singulis placentis ex utroque orificio protractis, cognovisse sibi videtur. Si *Geiss* se non fefellit, hic unicus esset casus, in quo simul et eodem tempore ambo cornua uteri duplicis concipiebant. Quum vero mulier infantes eodem tempore procreaverit, hic casus non pro superfoetatione loquitur, sed ovula haec una eademque conceptione fecundata sunt.

Ex omnibus his casibus hucusque observatis sequitur, et in utero simplici et in duplici neque minus in graviditate extrauterina de vera superfoetatione sermonem esse non posse.

# Theses.

I.

Non sunt fistulae incompletae.

II.

Gangraena herniae non contraindicat herniotomiam.

III.

Informanda pupilla vicaria iridonectomia omnibus aliis methodis praeferenda.

IV.

Ad sananda aneurismata compressioni ligatura praeferenda.

V.

Epidermis inflammationem subire non potest.

VI.

Tumores lymphatici e dyscrasia ducunt originem.

VII.

Quo magis compositum medicamentum, eo minus est indicatum.

VIII.

Signum certum infanticidii peracti non exstat.

IX.

Partus facillimus haud faustissimus.

X.

In partu caesareo longitudinalis in uterum incisio est optima.

# Vita.

Natus sum ego, *Antonius Floerken*, Bonnae, anno MDCCCIV Idibus Octobris, parentibus *Ioanne Baptista Floerken* et *Anna Maria Averdunk*, quos parentes dilectissimos gratia divina adhuc vivos veneror, et ecclesiae catholicae adscriptus sum. Prima litterarum elementa viri me docuerunt humanissimi *Velten* et *Laufenberg*. Ab anno inde MDCCCXIV Gymnasium Bonnense decem fere annos frequentavi. Anno MDCCCXXIV die XVII ante Calendas Februarii numero civium academicorum adscriptus sum Rectore magnifico ill. *Augusti* et apud spectatissimum t. t. Decanum ill. *Nasse* nomen meum in album gratiosi medicorum ordinis inscripsi.

Lectiones, quibus ex hoc tempore interfui, hae sunt:

Philosophicae:

logica apud ill. *Elvenich*, anthropologia et psychologia apud ill. *Windischmann*, anthropologia et psychica et semitica (?) apud ill. *Nasse.* In praelectionibus botanicae generalis mihi fuit praeceptor ill. *Nees ab Esenbeck* senior, botanicae pharmaceuticae ill. *Nees ab Esenbeck* iunior, zootomiae et zoologiae ill. *Goldfuss*, mineralogiae ill. *Noeggerath*, physicae experimentalis ill. *ab Muenchow* et chemiae experimentalis ill. *Bischof.* Historiam rerum publicarum regni borussici me docuit ill. *Huellmann*, mathesin elementarem et artem de sectione conica ill. *Diesterweg*, Aeschyli Agamemnonem, Sophoclis Oedipum et Terentii Eunuchum ill. *Naeke.*

Ex ordine medicorum pracceptorcs mihi fuere ill. *Weber* in osteologia et syndesmologia hominis, in osteologia et anatomia comparata animalium vertebralium et in sectione cadaverum forensi ill. *Windischmann*, in encyclopaedia medicinae ill. *Mayer,* in anatomia speciali et chirurgica, in anatomia cerebri systematisque nervorum hominum et comparata, spectante theoriam, quam scripsit *Gall*, et in anatomia et physiologia foetus. III. *Mueller* in physiologia comparata organorum sensuum et vocis.

Pathologiam generalem et materiam medicam me docuit ill. *Harless*; medicinam forensem, doctrinam de Epizotiis nec non materiam medicam ill. *Bischoff*; historiam artis obstetriciae artemque obstetriciam ipsam ill. *Hayn*, qui et mihi fuit moderator in exercitationibus in phantomate institutis; doctrinam de instrumentis obstetriciis me docuit ill. *Kilian*; pathologiam et therapiam morborum chirurgicorum, doctrinam, de ossium fracturis et luxationibus, atque de fasciis et deligationibus chirurgicis, et doctrinam de oculorum morbis, de operationibus chirurgicis et instrumentario chirurgico mihi exposuit ill. *a Walther*; physiologiam corporis humani et comparatam morbos psychicos, therapiam generalem et specialem, semioticen specialem et doctrinam de affectionibus et morbis animi, ad medicinam politiam et forensem spectantem ill. *Nasse*.

Practicis in exercitationibus anatomicis ill. *Mayer* et *Weber*; obstetriciis per annum ill. *Kilian*, clinicis et policlinicis chirurgicis et ophthalmiatricibus per annum auscultando, per annum praeticando ill. *a Walther*; clinicis et policlinicis medicis, tam pathologicis quam therapeuticis, in illis per anuum dimidium, in his per annos duos ill. *Nasse* duces mihi fuere.

Omnibus his viris, ut summum de me meritis, gratias ago, habeoque quas possum maximas.

# Literaturverzeichnis


Bernstein. (1813). (Artikel). *Salzburger medizinisch-chirurgische Zeitung.*

Blizard. (kein Datum). (Artikel). *Edinburgh philosophical transactions, 5.*

Boehmer, P. A. (1756). *Observationes anatomicae rarae* (Bd. 1).

Bouillon. (1821). (Artikel). *Bulletin de la societe de medicine.*

Bruchhausen, W. (2019). Akademische Hebammenlehrer in Bonn 1777-1828. Vom kurfürstlichen Leibarzt zum preußischen Professor. In D. Schäfer (Hrsg.), *Rheinische Hebammengeschichte im Kontext* (S. 65 ff). Kassel: University Press.

Buffon. (kein Datum). (Artikel). In F. E. Fodere, *Traite de medecine legale et d'hygiene publique ...* . Paris.

Capuron/Belloc. (1811). (Artikel). *Cours de medicine legale.*

Clarke. (kein Datum). (Artikel). *Transactions of a society for the impr., 1.*

Delman. (1806). (Artikel). *Annales de la societe de medicine pratique, 8.*

Denman, T. (1807). *An Introduction to the practice of midwifery*. Brattleborough, Vt.: Fessenden.

Dewees. (1809). (Artikel). *Göttinger gelehrter Anzeiger*.

d'Outrepont, J. S. (1822). *Abhandlungen und Beiträge geburtshüflichen Inhalts*.

Floerken, A. (1830). *De superfoetatione [Diss.med.]*. Bonn: Neusser.

Froriep, L. F. (1824). *Notizen aus dem Gebiete der Natur- und Heilkunde, Band 9*. Weimar.

Haller, A. v. (1750). *Disputationum anatomicarum selectarum, vol. 5*. Göttingen: Vandenhoeck.

Haller, A. v. (1755). *Opuscula pathologica*. Lausanne.

Haller, A. v. (1756). *Elementa physiologiae corporis humani, Band 8*.

Heim, E. L. (1812). *Erfahrungen und Bemerkungen über Schwangerschaft ausserhalb der Gebärmutter*. Berlin: Hitzig.

Hippokrates. (2013). *Aphorismen*. Darmstadt.

Houston. (kein Datum). (Artikel). *Philosophical transactions, 32*.

Hunter, J. (1762). *Medical commentaries* (Bd. 4). London.

Klebe, F. A. (1801). *Reise auf dem Rhein, durch die teutschen Rheinländer, und die französischen Departements des Donnersbergs, des Rheins und der Mosel und der Roer, Vom Julius bis Decembre 1800*. Frankfurt am Main: Eßlinger.

Leveque. (1817). (Artikel). *Journal de medicine, chirurgie, pharmacie etc., 40.*

Marton. (1813). (Artikel). *Medical transactions, published by the college of physicians, 4.*

Meckel, J. F. (Hrsg.). (1815). *Deutsches Archiv für Physiologie.* Halle.

Meckel, J. F. (1816). *Handbuch der pathologischen Anatomie, Band 2, 1. Abt.* Leipzig: Reclam.

Meissner, L. (1821). *Bereicherungen für die Geburtshülfe und für die Physiologie und Pathologie des Weibes und Kindes. Bd. 1.* ([. L. Choulant, [. F. Haase, M. Küstner, & L. Meissner, Hrsg.) Leipzig: Hartmann.

Moseley, B. (1787). *A treatise on tropical diseases and on the climate of the West-Indies.* London: Cadell.

NN1. (1817). (Artikel). *Bulletin de la societe de la faculte de medicine, 9.*

NN2. (1819). (Artikel). *The medical repository of original essays.*

NN3. (1824). (Artikel). *Transactions of the medical chir. Society.*

Norton. (1823). (Artikel). *New York medical and physical Journal.*

Osiander. (1810). (Artikel). *Göttinger gelehrter Anzeiger.*

Osiander, F. B. (1819). *Handbuch der Entbindungskunst.* Tübingen: Osiander, C.F.

Percy. (kein Datum). (Artikel). *Revue medicale, 10.*

Pole. (kein Datum). (Artikel). *Mem. of medical society, 3.*

Rezensent. (23. Sept. 1801). Antwort des Rezensenten [auf die Antikritik des Wegeler]. *Allgemeine Literatur-Zeitung, Intelligenzblatt*, S. 1438 f.

Rezensent. (27. Mai 1801). Arzneygelahrtheit: Das Buch für die Hebammen, von F.G. Wegeler 1800. *Allgemeine Literatur-Zeitung*, S. 441 ff.

Richter, W. M. (1810). *Synopsis praxis medico-obstetriciae : quam per hos viginti annos Mosquae exercuit.* Moskau.

Rodmann. (kein Datum). (Artikel). *Edinburgh Medical ans Surgical Journal, Band 2.*

Romieux. (kein Datum). (Artikel). *Journal generale de medicine, chirurgie etc., 27.*

Roose, T. G. (1802). *Beiträge zur öffentlichen und gerichtlichen Arzneikunde, zweites Stück.* Frankfurt/Main: Wilmans.

Saviard. (kein Datum). (Artikel). *Philosophical transactions, 222.*

Siebold, E. v. (1820). *Journal für Geburtshülfe, Frauenzimmer- und Kinder-Krankheiten.* Leipzig: Engelmann.

Stein, G. W. (1825). *Lehre der Geburtshilfe.*

Tiedemann. (1815). (Artikel). In J. F. Meckel (Hrsg.), *Deutsches Archiv für Physiologie, Band 5* (Bd. 5). Halle.

Wegeler, F. G. (1800). *Das Buch für die Hebammen.* Bonn/Leipzig: Küchler.

Wegeler, F. G. (23. Sept. 1801). Antikritik, die Rezens. des Buch für die Hebammmen, in der ALZ 1801 [...]. *Allgemeine Literatur-Zeitung, Intelligenzblatt,* S. 1435 ff.

Wegeler, F. G. (1811). *Einige Worte über die Mineralquelle zu Tönnesstein.* Koblenz: Präfektur-Druckerei.

Wegeler, F. G. (Hrsg.). (1812). *Fünf medizinisch-gerichtliche Gutachten über einen erhängt gefundenen Knaben, in Hinsicht auf Mord oder Selbstmord.* Koblenz: Pauli.

Zacchia, P. (1751). *Quaestiones medico-legales, tom. 1.* Venedig: Occhi.

Herstellung und Verlag:
BoD – Books on Demand, Norderstedt
ISBN: 978-3-7481-5083-1

FSC
www.fsc.org
MIX
Papier aus ver-
antwortungsvollen
Quellen
Paper from
responsible sources
FSC® C105338